欢迎来到
怪兽学园

_____ 同学，开启你的探索之旅吧！

本册物理学家

焦耳

献给所有充满好奇心的小朋友和大朋友。

——傅渥成

献给我的女儿豆豆和暄暄,以及一起努力的孩子们!

——郭汝荣

图书在版编目(CIP)数据

怪兽学园.物理第一课.10,我是发明家 / 傅渥成著;郭汝荣绘. —北京:北京科学技术出版社,2023.10
ISBN 978-7-5714-2964-5

Ⅰ. ①怪… Ⅱ. ①傅… ②郭… Ⅲ. ①物理—少儿读物 Ⅳ. ① Z228.1

中国国家版本馆 CIP 数据核字(2023)第 047056 号

策划编辑:吕梁玉		电 话:0086-10-66135495(总编室)	
责任编辑:张 芳		0086-10-66113227(发行部)	
封面设计:天露霖文化		网 址:www.bkydw.cn	
图文制作:杨严严		印 刷:北京利丰雅高长城印刷有限公司	
责任印制:李 茗		开 本:720 mm×980 mm 1/16	
出 版 人:曾庆宇		字 数:25 千字	
出版发行:北京科学技术出版社		印 张:2	
社 址:北京西直门南大街 16 号		版 次:2023 年 10 月第 1 版	
邮政编码:100035		印 次:2023 年 10 月第 1 次印刷	
ISBN 978-7-5714-2964-5			

定 价:200.00 元(全 10 册)

10 我是发明家

能量守恒

傅渥成◎著　　　郭汝荣◎绘

北京科学技术出版社
100层童书馆

怪兽学园迎来了一年一度的发明大赛。在一周的时间里，小怪兽们纷纷大显身手，创作自己的作品。

我要制造一个炒菜机器人，
这样妈妈就不用那么辛苦啦！

飞飞准备给妈妈制造一个炒菜机器人。她觉得做菜的时候，温度是最重要的。于是，她特地找了一位合作伙伴——焦耳。焦耳特别擅长精确测量各种东西的温度，因此他跟飞飞一拍即合。与此同时，阿成每天起早贪黑，行踪不定。

　　飞飞和焦耳跟着阿成来到树屋门口，他们发现树屋里有各种装置，在最显眼的位置，有一台圆盘状的机器。

　　阿成完全没有注意到身后的飞飞和焦耳，他专注地做起了实验。只见他缓缓地拨动这台神秘的机器。

好!好!好!

啊!

随着阿成手指的拨动,这台机器旋转了起来,还连续转了很长时间。飞飞忍不住叫好,阿成这才发现躲在一旁的两人。

你们竟然来偷看我的发明!

没有!没有!这是个误会。

嘿嘿,我这次的发明肯定能得一等奖。

就它?

那当然啦!你看……

阿成开始解释这台机器的工作原理。

A. 当圆盘上的月牙形孔洞转到圆盘右下部时，孔洞中的小轮子会沿孔洞直边滚到圆盘边缘，从而带动圆盘转动。

B. 当孔洞转到圆盘左上部时，孔洞中的小轮子又会沿孔洞的圆弧边滚回圆盘中心。

C. 随着圆盘的转动，圆盘上每个孔洞中的小轮子都会重复上述过程。如此周而复始，大圆盘就会一直运动下去。

酷！

在我们身边，汽车、火车的行驶，各种机器的运转，都需要力来做功，因此也需要消耗能量。

我有点儿明白了，做功就像是买东西，能量就是买东西要花掉的钱。物体的能量越大，它能做的功就越多。这就好比一个人钱越多，能买到的东西就越多。

除了做功之外，
加热一个物体，
让它的温度升高，
这个过程也需要消耗能量。

让物体温度升高需要能量，这很好理解。

但是，夏天我在家里开着空调，
让房间的温度降下来，这个过程
是不是不用消耗能量啊？

当然不是啦！
空调只要开了，即使
是制冷模式，也需要
消耗能量。

夏天，如果你观察空调的外机，你会发现，它一直在向外吹热风。我们可以简单地认为，空调把室内的热量搬运到了室外，在这个过程中，空调需要一直做功，因此这个过程需要消耗能量。

做功需要消耗能量，加热物体也需要消耗能量。能量就像一种在各种物理过程中都通用的货币。

正是这样！

那阿成想设计的机器，不就相当于一个能凭空让货币增加的机器吗？

天底下哪有这样的好事？

目瞪口呆

15

没错。电和天然气是我们生活中最常见的能源。想想看，我们身边还有哪些能源。

我想到了！石油是一种能源，用它制得的汽油可以给汽车提供能量。

我想到了！太阳能是一种能源，它能为太阳能手表提供能量。

我们平时吃下去的各种食物，也可以给我们提供能量。

我们吃下去的食物很多都是植物。

而植物的生长需要依靠太阳，所以我们从这些食物中获得的能量也来自太阳。

焦耳继续向两人介绍能量守恒定律。

你们已经学习了很多物理知识，这些知识其实已经涉及能量的不同形式。

带电的物体具有电能；

运动的物体具有动能；

阳光具有光能；

物体的温度和物态变化时，内能也会改变。

不同形式的能量可以相互转化。

这就像这个世界上有各种不同的货币，比如人民币、美元、欧元、英镑、日元等。虽然这些货币各不相同，但我们可以通过银行将一种货币兑换成另一种货币。

用电池驱动玩具车，
这个过程中电能转化为动能。

电池的电又是
从哪儿来的呢？

电池是通过化学反应释放能量的，
它具有化学能，工作的时候可以将
化学能转化为电能。

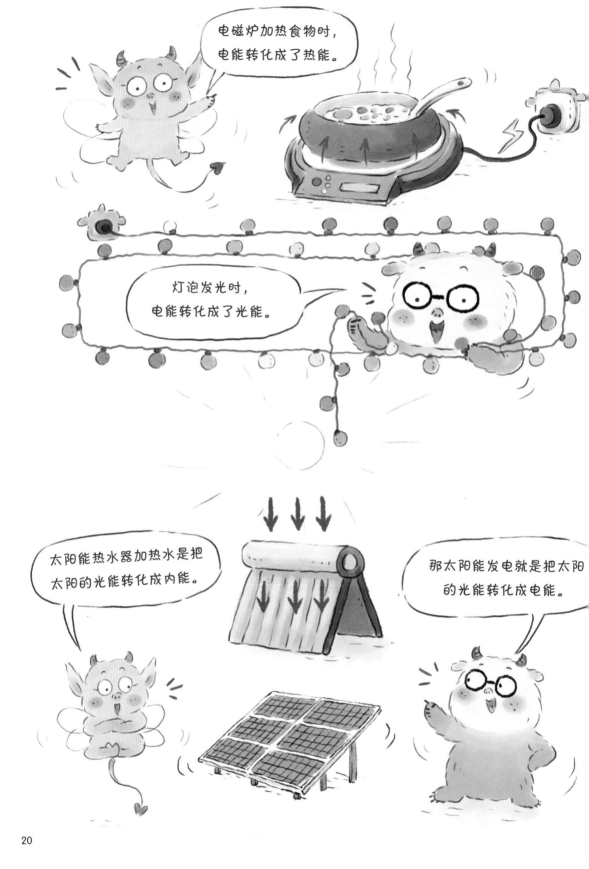

飞飞和阿成可以举一反三，焦耳非常欣慰。于是，他详细地描述了能量守恒定律。

你们真是太聪明了！

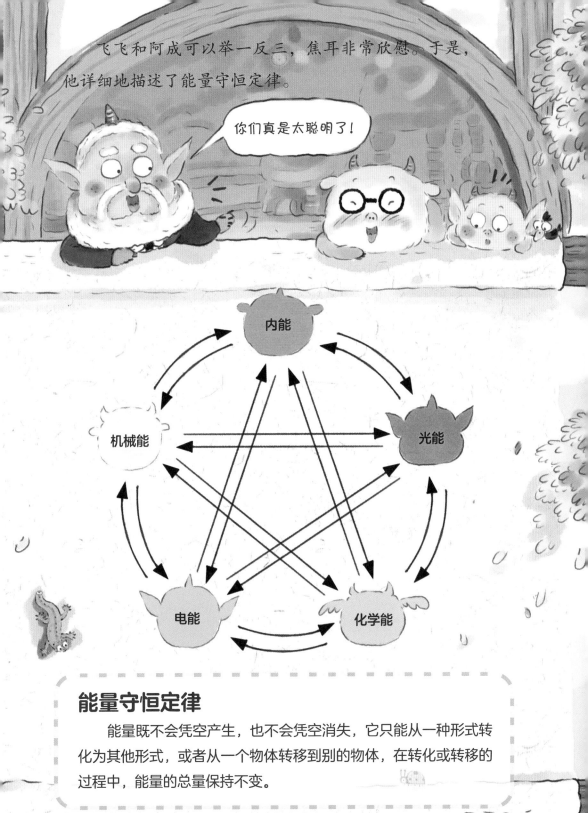

能量守恒定律

能量既不会凭空产生，也不会凭空消失，它只能从一种形式转化为其他形式，或者从一个物体转移到别的物体，在转化或转移的过程中，能量的总量保持不变。

这是因为在我们生活的世界里，到处都存在着摩擦力——空气对机器的摩擦阻力、旋转轴不够光滑带来的阻力、小轮子与接触面的摩擦力等。因为这些摩擦力的存在，物体在运动过程中，总会有一部分能量被消耗，变成热能。

都怪摩擦力！让我的永动机，我的伟大发明，就这样泡汤了！

如果把摩擦消耗的能量全部收集起来重新利用，能不能让阿成的机器继续运转下去呢？

哈哈，这是设计永动机的另一种思路，看起来很合理。但遗憾的是，这种想法也被证明是不可行的。

摩擦等原因所消耗的热量无法被全部收集起来重新利用。例如，我们没法把电脑或手机在使用过程中所产生的热量全部收集起来再给电脑或手机充电。虽然能量的总量是守恒的，但我们能重复利用的能量却在不断减少，因此我们要节约能源。

焦耳继续给阿成和飞飞介绍与能源有关的知识。

能源可以分为可再生能源和不可再生能源。

可再生能源能不断再生，能有规律地得到补充，不会枯竭。不可再生能源会随着人类不断开采而枯竭，短期内无法再生，比如煤、石油、天然气等。

我听说燃烧煤、石油、天然气会造成空气污染。

我还听说，燃烧煤、石油、天然气会产生二氧化碳，造成温室效应。

没错，因此近年来可再生能源的开发利用越来越受重视，因为可再生能源污染小，是清洁能源。

清洁能源？

飞飞和焦耳都觉得阿成的创意很好，他能在这么短的时间里学以致用，可真不简单。经过一天一夜的设计与制作，阿成的作品终于在大赛截止前完成了。

最终，飞飞凭借炒菜机器人拿到了大赛的一等奖。而阿成则获得了特等奖，校长亲自给他颁发了奖状和奖杯。怪兽学园将他的太阳能风扇帽投入生产，给学园里的每只小怪兽发了一顶。

夏天必备！

焦耳（1818—1889）

  焦耳是英国著名的物理学家。他年轻时接受过一些科学方面的教育，不过他在大学毕业之后主要负责经营自家的啤酒厂。与此同时，焦耳仍对科学非常感兴趣。在焦耳所处的时代，电动机已经出现，因此他开始思考用电动机来替换自家啤酒厂里的蒸汽机。但究竟是用电动机更划算，还是用蒸汽机更划算呢？从这个问题出发，焦耳深入地思考了与电能、热能、机械能等相关的问题。由此，焦耳发现了热和功之间的转换关系，提出了能量守恒定律（热力学第一定律）；还发现了电和热之间的转换关系（焦耳定律）。为了纪念焦耳对物理学的贡献，现在我们将"焦耳"作为能量和功的单位。